夜航船

送给孩子的天文地理百科全书

地理部 2

（明）张 岱 著

谭伟弘 编著

张 琦 绘

航空工业出版社

北京

内 容 提 要

学识就是硬通货，青少年上知天文下知地理才称得上是博学少年。本套书从天文、地理两个方向出发，为青少年读者科普中国古代天文地理知识，让他们了解灿烂的中华文化，培养科学探索精神，提升人文素养。

图书在版编目（CIP）数据

夜航船：送给孩子的天文地理百科全书.地理部.2/（明）张岱著；谭伟弘编著；张琦绘.－－北京：航空工业出版社，2023.12
ISBN 978-7-5165-3527-1

Ⅰ.①夜… Ⅱ.①张… ②谭… ③张… Ⅲ.①地理学史-中国-古代-青少年读物 Ⅳ.① P1-092 ② K90-092

中国国家版本馆 CIP 数据核字（2023）第 197436 号

夜航船：送给孩子的天文地理百科全书·地理部 2
Yehangchuan：Songgei Haizi de Tianwen Dili Baikequanshu·Dilibu 2

航空工业出版社出版发行
（北京市朝阳区京顺路 5 号曙光大厦 C 座四层　100028）
发行部电话：010-85672688　010-85672689

三河市双升印务有限公司印刷　　全国各地新华书店经售
2023 年 12 月第 1 版　　　　　　2023 年 12 月第 1 次印刷
开本：710×1000　1/16　　　　　　字数：62 千字
印张：5.5　　　　　　　　　　　　定价：158.00 元（全 4 册）

目 录

01

历史风云地

枌 (fén) 榆社

枌榆，是古代一种树木的名称；社，是古代的土地神，也是古代的行政单位之一。枌榆社，是汉高祖刘邦的故乡丰县的里社名。相传，作为沛县泗水亭亭长的刘邦，奉命押送一批人去服劳役，因为途中有人逃走，刘邦就干脆把其他人也都放了。大家感恩刘邦，有些人表示愿意追随他，那天大家都很高兴，喝了不少酒。酒后趁夜赶路，没想到他们在路上遇到了一条白蛇，众人都吓得不敢向前，还说有白蛇挡路，是不祥之兆。刘邦摇摇晃晃走上前，抽出剑来，就把白蛇斩作两段。

刘邦醒来后，带着众人继续赶路。有人在白蛇被斩断的地方，看到了一个老婆婆，这个老婆婆哭着说："我儿是白帝的后代，化作一条白蛇来到人间，却被赤帝之子斩作两段……"跟随刘邦的一群人也听到了这个消息，就告诉了刘邦。刘邦细细思索之后，忽然高兴起来，想着自己真有帝王之资。其他人也认为刘邦是上天选定的人，纷纷表示愿意跟随他起义反秦，攻打天下。

后来，刘邦在枌榆社宰杀牲畜、祭祀祈祷，希望土地神能保佑他打胜仗，夺取更多的土地，建立自己的基业。刘邦建立汉朝后，他把丰县和沛县作为天子收取赋税的私邑，下令这两个地方世代不用向朝廷缴纳赋税。

新丰

秦朝时，新丰称骊邑，因为美丽的骊山而得名。汉高祖刘邦在正式进驻咸阳之前，曾把秦国的旧都栎阳作为临时首都。得了天下的刘邦把父亲安置在栎阳附近的骊邑居住。

他的父亲出身于市井，平日结交之人多是贩夫走卒，卖酒卖饼、玩斗鸡、玩蹴鞠的人，但他住在骊邑却看不到这些热闹的景象，时间长了，总是闷闷不乐。汉高祖知道原因之后，就命人把故乡丰县的东西都搬过来，仿照丰县建造街道，接父亲认识的人到这里来居住，就连丰县的牛羊鸡犬放在这街道上都不会迷路，甚至能找到自己的家。刘邦的父亲看到这些熟悉的

景象、熟悉的人，感觉自己又回到了熟悉的故乡，就高兴起来了。刘邦就把模仿丰县建造的这个地方叫作新丰县。

之后，"鸡犬识新丰"就成为思念故土的典故，古代文人常常由此引发无限遐思。一代女皇武则天，在想到家乡并州的时候，由衷地说："并州就是我心中的新丰。"

洋川

汉高祖刘邦的结发妻子是吕雉，吕雉聪明能干，陪着刘邦南征北战，终于帮助刘邦打下一片汉家江山。但刘邦成为帝王之后，最宠爱的却是戚夫人，他甚至连皇位都想传给戚夫人的儿子刘如意。

据说，戚夫人的故乡在洋川，汉高祖得到天下之后就撤销了这个地方。戚夫人在宫中时常思念故乡，她请求刘邦恢复洋川的旧名。汉高祖不舍得爱妃难过，不仅恢复了"洋川"的旧名，还将其设置为一个县。刘邦

还沿着洋川和长安的路途中设置驿站，方便通行。

后来，吕雉之子刘盈的太子之位遭到了戚夫人之子刘如意的威胁，情急之下，吕雉想方设法，请了刘邦都敬重的商山四皓❶来辅佐儿子刘盈，这才保住了儿子的太子之位。

🌀 井陉 (xíng) 道

井陉道，是位于河北石家庄井陉县的一个古驿道，是连接秦晋和燕赵的要冲。刘邦的大将韩信和名士张耳率军3万，聚集在井陉口，准备攻打赵国。

韩信觉得自己只有三万兵马，敌军却有二十万大军，如果将士们没有必胜的决心，肯定会影响士气。于是，他让三万大军背靠河水摆开阵型，意图截断士兵们的退路，准备背水一战。他认为人只有被逼到绝境，才会奋力死战，才有可能打胜这场以少对多的战役。

赵王歇听了这件事之后，召集群臣商议对策。广武君李左车对赵王说："韩信和张耳趁着打了胜仗的气势，去攻打别的国家，其锋势不可当。但臣听说，到千里之外打仗，常常会因为缺乏粮草，使士兵面有饥色。如今，井陉道又险要又狭窄，战车、骑兵都没法并排行走。希望大王给我三万兵马，让我从小路去断绝他们的粮草，以奇兵制胜。到时候就可以把韩信和张耳的人头送到您的帐下了。"

但赵王觉得自己是正义之师，还有二十万大军，就不想采用诈谋奇计来取胜，说："韩信的兵又少又疲累，如果这时候我用诈谋这种手段对付他，而不是与他正面交锋，诸侯会以为我是害怕了，动不动就来攻打我。"

---

❶ 商山四皓：东园公、角里先生、绮里季、夏黄公，他们学富五车、德行高尚，是当世名士。

　　韩信派间谍去侦察，知道赵王不采用广武君的计策，高兴得不得了，立刻点了三千轻骑兵，让他们一人拿着一杆红色的旗帜，趁赵王忙着攻打正面军队的时候，绕到他们的大本营，插满自己的旗帜。赵王的二十万大军一看，大本营都被抄了，顿时军心溃散。韩信大军乘胜追击，最后大破赵军，擒下了赵王歇。

　　井陉之战是古代以少胜多的典型战役，井陉道也成了这场战争的见证者。

🌥️ 邗 (hán) 沟

　　大家都知道隋炀帝开凿过大运河，但你知道在隋炀帝之前一千多年，吴王夫差就已经开凿过运河了吗？夫差开凿的这条运河最古老的一段，就是扬州的邗沟，在今天它叫作淮扬运河。

　　春秋战国时期，吴国占据太湖水域地区，吴王夫差善于水上用兵，在打败楚、越之后，准备北进，争夺中原霸主，于是在公元前486年（鲁哀公九年），下令修建运河邗沟。邗沟开通之后，打通了长江与淮河之间的水上交通，通过末口就可以进入淮河、泗水，到达黄河。邗沟并不是硬挖出来的，它采用凿渠穿沟的方式，巧妙地串联了各个湖泊，构成江淮之间的水上通道。公元前486年，夫差筑邗城，作为自己北上的前敌指挥部。

邗沟沟通江河湖海，后世肯定不愿意白白浪费这么好的交通资源。于是，东汉建安年间，徐州典农校尉陈登开通了津湖与白马湖间的邗沟西道，向北仍经末口入淮；公元605年（隋大业元年），隋炀帝发动淮南诸州十余万人，开邗沟，整治了邗沟西道；北宋天禧年间，在邗沟100千米处筑堤，使河湖分开，不仅便于行船拉纤，还能避开危险的风浪。

虽然邗沟的开凿带有军事目的，但之后逐渐发展成我国东部平原地区的水上运输大动脉，隋唐以后就成为保障朝廷供给的生命线。两千多年来，邗沟一直是关系国计民生的繁忙水道。直到现在，古老的邗沟还在我国现代化建设中发挥重要的作用。

保命塔，保俶（chù）塔

吴越王钱俶，管理着五代十国时的吴越地区，他奖励垦荒，不加赋税，对吴越地区的治理还算不错。北宋平定南唐的时候，他还出兵策应过。

公元976年（北宋太平兴国元年），钱俶听说北宋把南唐彻底消灭了，自己也感觉到了危机，就带着家人来到北宋朝廷。但他害怕一家人会被扣留在北宋，于是在佛前许愿，说如能平安归来，一定造塔还愿。

来到京城，宋太宗赵光义对他还挺客气的，给他安排了宅子，赏赐也很丰厚，而且只留他们住了两个月，就让他们回杭州了，并没有为难他们。临走的时候，赵光义赐了一部黄皮卷给钱俶，说："你半路上再打开看吧。"钱俶看着密封紧实的书卷，心里感到疑惑不已，耐着性子到路上了

才打开看，里面全是大臣们劝告皇帝把钱俶留在京城的奏章。钱俶看了之后，既感慨又惊恐，回到家乡之后就造塔还愿，感谢佛祖护佑自己平安回来。这座塔就叫作"保俶塔"，位于浙江杭州宝石山上，是西湖一道古老的风景。

雨花台蕴藏了千年的历史

中华门外一千米处的雨花台，是南京城南的咽喉之地。从公元前1147年泰伯[1]到这一带传礼、授农时起，雨花台已有3000多年的历史。这里风景优美，佛教文化兴盛，历史文化悠久。

公元前472年，越王勾践建造越城，雨花台一带就成了登高览胜的好去处。三国时期，因为雨花台所在的山岗上遍布五彩斑斓的石子，因此这

---

[1] 泰伯：即"太伯"，姬姓，周太王长子，周代吴国的始祖。

里被命名为石子岗、玛瑙岗、聚宝山。到公元507年（南朝梁天监六年），云光法师在石子岗上设坛说法，说到绝妙处，天上飘落雨一样的花瓣。从此，石子岗就改名为雨花台。

东晋之后，佛教兴盛起来，很多高僧大德都喜欢到山水明净的雨花台所在地建造佛寺。南朝鼎盛时期，这里的寺庙有700多座。唐代大诗人杜牧还在诗中写道："南朝四百八十寺，多少楼台烟雨中。"可见南朝佛寺数量之多。

雨花台不仅是佛教圣地，还是南京城南的一处制高点，是历代兵家的必争之地。东晋的豫章太守梅颐，曾在这里抵抗外族的入侵；南宋名将岳飞，曾在这里痛击入侵的金兵；还有太平天国的天京保卫战；辛亥革命讨伐清兵；抗日战争中的"首都保卫战"……都曾围绕雨花台展开。

李白、王安石、陆游等历史上无数的文人墨客，都曾来到这里，通过

雨花台看到过去、思索未来。有人说，雨花台"其旁冢累累"，"其下藏碧血"，这是对雨花台背后历史发出的感叹。

九折坂

古人讲究忠孝——对国君要忠诚，为了国家万死不辞；对父母要孝顺，身体发肤都不可以随意毁伤。但忠、孝有时候会相互冲突，古人因此常常感叹"忠孝两难全"。在一个叫作"九折坂"的地方，就流传着一个忠孝两难全的故事。

九折坂，又叫"邛崃坂"，是现在四川荥经县西南大相岭山南坡山道七十四盘，属于大相岭古道上最险要的一段。汉宣帝时期，有个人叫王阳，他受命担任益州刺史。到益州上任，就必须经过路途艰险的九折坂。来到九折坂，看到这个地方悬崖峭壁、深沟峡谷，随时都可能坠崖丧命，于是仰天长叹:"身体是父母给的,我有什么理由去冒这么大的危险呢!"于是辞官回乡,回到父母身边尽孝去了。

王阳之后,又来了一个名叫王尊的人,同样在上任途中来到了九折坂这个地方。他看这个地方满是悬崖峭壁、深沟峡谷,就问随行的官员:"这就是让王阳害怕的道路吗?"随行的官员回答:"是的。"与王阳的选择不同,王尊下令随行人员带着车马和他一起翻越九折坂,前去上任了。

王阳与王尊的选择不同,他们一个选择保全自身,回去孝顺父母,一个选择哪怕粉身碎骨,也要完成国家的嘱托。他们一个为孝、一个为忠,都是值得尊重的人。后人评价说:王阳畏险,不失为孝子;王尊冒险,不失为忠臣。

玉门关

玉门关,是汉武帝为通往西域设置的关口,故址现在甘肃敦煌西北的小方盘城,西域的玉石在古代是从这里运进中原的,因此得名。玉门关与阳关,皆为都尉治所,曾是汉代军事、贸易的重要关隘。这么重要的地方,在历史上留下了不少动人心弦的故事,其中一个就是有关班超"生入玉门关"的故事。

班超是东汉时期著名的军事家、外交家,他的父亲班彪、哥哥班固、妹妹班昭都是著名的史学家和文学家。汉朝时期,匈奴不断地袭扰边疆地区,班超作为一个文人也有一腔热血。有一天读书时,他忽然扔下笔说:"大丈夫就应该像傅介子、张骞那样,杀敌报国,怎么能在笔墨纸砚中庸庸碌碌一生呢!"就这样,班超弃笔从戎,投军去了边关。

　　班超跟随奉车都尉窦固出征匈奴，因为英勇善战，受到了赏识，于是奉命出使鄯善国。班超一行来到鄯善国，刚开始的时候，鄯善国的国王还很客气，可是没几天就对他们冷淡了起来。班超觉察到不对，猜测可能是匈奴也派出了使者来拉拢鄯善国。于是在鄯善国的侍者来送饭菜的时候乘机问："匈奴的使者来了好几天了，他们现在在哪里？"侍者没有防备，一下子慌了神，只能问什么答什么。班超了解情况之后，一思索，觉得不能再等下去，他和手下的人商量之后，半夜悄悄潜入匈奴使者的住所，将他们都给杀了。这下，鄯善国的国王又惊又喜，也没有左右摇摆的可能了，只能联合汉朝，共同抵御匈奴。

　　班超有勇有谋，曾多次出使西域，威震西域诸国。朝廷为了嘉奖他，封他为定远侯。他前后在塞外生活了30余年，将一生都贡献给了边疆的事业。古稀之年的班超思念故土，给皇帝写了一封奏折，说："臣不敢指望能到酒泉郡，但愿生入玉门关。"他在奏折中表达了自己希望落叶归根的心情。汉和帝看了这封奏折之后，心中很是悲恸，于是把班超召回京城。公元102年，回到洛阳不久后，班超与世长辞，享年71岁。

玉门关因为地理位置的特殊性，成了边塞的象征。在各个朝代都受外族侵扰，因此成了忧国忧民的文人抒发情怀的对象。在那句"但愿生入玉门关"响彻塞外夜空的同时，后世的许多文人也和班超一样，投笔从戎，走出玉门关，将自己投身到保卫家国的行列之中。

鬼门关

"鬼门关，十去九不还"。这里说的"鬼门关"是一个地方，是指岭南鬼门关，它位于现在的广西壮族自治区玉林市北流县西，属于古代"海上丝绸之路"南段，是古代通往钦州、合浦、海南、越南的主干道。

鬼门关山高、林密，气候温热、潮湿，森林里的动植物死亡腐烂之后，会滋生出山岚瘴气，人一旦接触，就容易感染瘴疠❶这种疾病，加上森

---

❶ 瘴疠：指热带或亚热带潮湿地区流行的恶性疟疾等传染病。

林中有毒的植物和动物以及恶劣的交通。因此，古代去到那里的人很少有活着回来的。

因为鬼门关气候环境恶劣，朝廷大臣如果犯了错，可能会被贬到鬼门关。晚唐时期的宰相李德裕堪比诸葛亮，他功劳巨大，但因为打击宦官，又不被唐武宗喜欢。唐武宗死后，被人勾结陷害贬到了崖州（今海南岛），最终死在了到崖州上任的途中。途经鬼门关之时，他写下一首诗："一去一万里，千知千不还，崖州在何处，生度鬼门关。"

从唐朝到宋朝，政府流贬官员南下两粤似乎已经成了惯例。那些被贬的官员，将羞愤、恐慌、失望的心情落到笔墨之中，借用"鬼门关"之名抒发出来，形成了当地独特的贬官文化，留下了许多历史传说。比如，伏波将军马援南征交趾❶，路过鬼门关求药的故事。

---

❶ 交趾：汉武帝所置十三刺史部之一，辖境相当于现在广东、广西的大部和越南的北部、中部。

公元41年（东汉建武十七年），已经纳入大汉版图的交趾郡发生叛乱，汉光武帝拜马援为伏波将军，领兵去平定叛乱。公元42年（东汉建武十八年）四月，马援率汉军，乘两千艘车船，水陆并进，辗转来到玉林。到达鬼门关时，看到军队已经人疲马乏，于是马援下令军队停下来就地休整。

此时正是七月，岭南在夏日的骄阳下显露出残酷的一面，群山之中常常瘴气大起，从早晨到傍晚弥漫不散。士兵们白天操练，到晚间瘴气袭来，许多人便感染瘴疠之疾，呕吐不止。随军的军医用了许多办法，仍旧不见效果。马援看着重峦叠嶂的高山、缭绕的瘴气，知道如果不解决这个问题，这仗就没办法打，更别提平定叛乱了。汉军染疫的消息流传开后，当地的越族土著部落首领感念马援将军的恩情，便献上了治疗瘴毒的"秘方"，帮助汉军渡过了难关。

八月，三万汉军浩浩荡荡地再次出发，突袭了交趾，大败叛军，交趾

地区的叛乱被迅速平定。马援南征交趾的过程中，沿途修建郡县，治理城郭，凿渠灌溉，促进了当地社会的经济发展，有效地巩固了东汉政府在当地的统治。今天，在鬼门关旁的歇马岭，我们仍然能够看到当时马援军队屯兵的痕迹。在之后的千百年间，马援仍被南方少数民族奉为神灵，被称为"伏波大神"，修庙供奉。

铁瓮城

东汉末年，孙权、刘备、曹操三方势力争夺天下，形成了三足鼎立的局面。孙权原来的都城在富庶的吴（今江苏苏州），但为了进一步北上西进，竞逐天下，他搬到了京口（今江苏镇江），在长江南岸的北固山南峰建造了铁瓮城，并将其作为政治中心。

这样部署是因为吴一带虽然富庶，却无险可守，如果敌人越过长江，就可以长驱直入，所以选择更加利于防守的地方才是明智的。在古代，南方军事堡垒的选址有一个规律，就是要建在大江大河岸边的高山上。这样江河水道既可以拒险，又可以停泊军舰、商船，便于军队的驻扎、物资的调运。

铁瓮城有10多万平方米，就像一口大瓮，背靠北固山，三面环水，四周都是高山绝壁，下邻海口，可控扼长江，易守难攻，是典型的军事堡垒。作为军事防御目的建造的城池，铁瓮城的墙体非常厚实，采用青砖包砌的方式进行加固。铁瓮城建成之后，被称作"京"或"京城"，出自《尔雅》中的"丘绝高曰京"。而铁瓮城这个名字，直到唐代才出现。

因为铁瓮城终究太小，作为暂时的军事据点还可以，但作为一国都城就比较勉强了，所以孙权又营建了南京石头城。公元229年，孙权在武昌（今湖北鄂州）称帝，九月迁都建业（今江苏南京）。建业的建都条件好于京口，同样可控扼长江，同时建业四周群山环抱，更有利于防御，秦淮河水系的稳定性也超过京口地区，因此，建业是东吴建都的最佳选择。而铁瓮城作为孙权"长江战略"的第一个据点，在相当程度上左右了东吴政权的崛起，影响了中国的历史进程。

焚书坑儒发生在哪里？

秦始皇统一全国之后，为了加强统治，从语言文字到日常生活的方方面面，都进行了规范和统一。即便如此，他还是觉得不够，想要在思想上加强统一。于是，秦始皇根据李斯的建议，下令除秦国的史书、博士官收藏的图书，以及百姓家藏的医药、卜筮、农书外，百姓要把列国的史记、百姓私藏的《诗》《书》和百家语等交出焚毁。

当时，秦始皇的身边有两个儒生，一个叫"侯生"，另一个叫"卢生"。这两个人时常为秦始皇出谋划策，但他们认为秦始皇为人残暴，自己在他身边肯定活不久，于是相约偷偷跑了。他们跑就跑吧，还到处说秦

始皇的坏话。这就激怒了秦始皇，他想到徐福为他寻找长生不老药，一去就杳无音信；想到韩终和石生为他寻找长生不老药，也一去不复返。秦始皇越想越生气，认为他们都背叛了他。他还觉得，以侯生和卢生为首的儒生妖言惑众，于是下令御史抓捕、审问那些有类似言论的儒生，受株连者达460余人，这些儒生全都被活埋于咸阳。

现在的西安市临潼区有一处秦代遗址，名叫坑儒谷。相传，秦始皇曾在一个冬天秘密下令，让人在骊山的山谷中种瓜，附近有温泉的地方，瓜就熟了。秦始皇下诏，让朝廷内外的儒生解释这一现象。几百个儒生的说法各不相同，秦始皇就让他们去实地观看，并趁机设计，把他们杀死在了山谷之中。后人就把这个山谷称为"坑儒谷"。

坑儒谷事件是否属实，已无证可靠。不过，焚书坑儒暴露了当时的社会矛盾，加速了秦朝的灭亡。

02

历史遗泽

孔林

山东曲阜有"三孔",孔庙、孔府、孔林。孔林,又称至圣林,位于曲阜市城北1.5千米处,占地将近200万平方米,有神道与城门相连,是孔子及其后裔的家族墓地,有10万余座坟冢。

孔子,名丘,字仲尼,是鲁国陬邑(今山东曲阜东南)人,出生于公元前551年,卒于公元前479年,是春秋末期的思想家、政治家、教育家,儒家学派的创始者。孔子的祖先虽然是贵族,但他年少的时候家里贫困,地位也不高。在那诸侯争霸、战火频繁的年代,救世成了他终生奔走的目标。

孔子的儒家思想,有助于规范社会道德;孔子在教育上提出了有教无类的思想,使底层人民也有机会通过读书改变命运;孔子以仁治国的政治思想,为后世统治阶级提供了暴力镇压之外的统治道路。所以说,孔子的思想不仅影响了当世,更影响了中国后世几千年的文化风尚。

孔林被城墙围了起来,城墙外是孔家子孙的坟墓,3000年来从未换过地方。孔子的儿子孔鲤去世较早,他的墓是孔子亲手建的,面南而坐,前方有祭堂,祭堂右边数十步的位置就是孔子墓。孔子墓坐落在一个小丘上,右边有三间小屋,上面写着"子贡庐墓处"。

据说,孔子去世之后,他的弟子大多在服丧三年之后痛哭一场,各自回家了,只有子贡又守了三年。按照那时候的礼制,为父母守丧也不会超过三年,子贡却为孔子守丧六年,他对老师的深情厚谊感动了后人,人们便在孔子墓西侧修建三间房舍,题为"子贡庐墓处"。

在这里，到处都是合抱粗的大树，在一株古老楷树前的石碑上刻有"子贡手植楷"几个字。作为孔子的学生，子贡才思敏捷、善于辞令，虽然因为性格不够柔和，常常惹得孔子生气，但他也是孔子的得意门生。孔子对于子贡而言，算是亦师亦友。因此，孔林之中，人们在精神上将他们师徒永远地联系在了一起。

孔林有丰富的文物，对研究我国古代的墓葬制度，以及政治、经济、文化、风俗、书法、艺术等都具有非常高的价值。1961年3月4日，孔林被列为第一批全国重点文物保护单位。1994年12月，孔林被联合国教科文组织列入《世界遗产名录》。

🌀 古代的慈善机构——漏泽园

公元1104年，北宋徽宗年间，为缓解社会矛盾，朝廷在安徽宣城首创漏泽园。漏泽园是古代的义冢，相当于现在的公共墓地，名字取自"泽及枯骨，不使有遗漏"，属于宋代的官办慈善事业。

　　宋徽宗统治时期，重用蔡京。蔡京可不是一个好官，他认为国家太平已久，也很有钱了，是该好好享受的时候了，于是带头卖官鬻爵、搜刮民财、大兴土木。实际上，此时的宋朝社会阶级矛盾、民族矛盾尖锐，与西夏、辽、金等少数民族政权战争不断，百姓因此受尽苦难、流离失所、家破人亡，有的人抛尸荒野都没有人管。

　　为了安定社会、抚慰流亡百姓，朝廷组织官办慈善事业，由国家出面，对无亲无钱无地安葬的穷苦百姓、客死他乡的人、死亡的乞丐、野外的枯骨等没有能力下葬的死者，组织人员免费安葬。义冢的位置一般选在城外，史书上说："择高原不毛之土"为园。选择这样的地方作为义冢，既与百姓生活的城区隔离开来，又不占用肥沃的耕地，是深思熟虑之后最好的选择。

　　朝廷首先选择宣城来承办漏泽园，主要原因有：宣城交通发达、各行业人员来往众多，对义冢有现实需求；宣城经济繁荣，手工业、采矿、冶

炼、陶瓷、造纸、制笔、制墨、漆器等行业发展繁荣，能为漏泽园的建造和维持提供物质基础；宣城文化底蕴深厚，它是"江南名邑"，是中国的"文房四宝"之乡，在这里创办义冢能最大限度地获得社会各界的支持，也能产生表率作用。宣城首创漏泽园之后，义冢这种慈善事业被推广开来，甚至延续到了清代。

漏泽园的资金来源主要有官府独立出资、官民共同出资和民间出资三种。它的建立得到社会各界的广泛支持，在一定程度上缓解了社会矛盾，客观上改善了环境卫生，对疫病的预防也具有积极作用。比如公元1709年，宣城遭遇春瘟，同年五月和七月又分别遭受洪灾，出现抛尸荒野的惨景，因为漏泽园的存在，人们快速地掩埋了尸体，有效消灭疾病的传染源，避免了瘟疫的流行。

🌀 古代的慈善机构——悲田院

公元717年（唐开元五年），宋璟❶、苏颋（tǐng）❷两人奏请朝廷，建造悲田院，由官府发给粮食，让乞丐可以在此养病。其实最开始的时候，悲田院是由佛教寺院自发组织的、零星的慈善机构。

佛教在汉代传入中国，那时的正统思想是儒家思想，佛教没有得到发展的机会。经历长久的战乱后，佛教关注往世来生的思想，极大地安慰了心灵受创的百姓，加上统治者的推崇，佛教逐渐兴盛起来。兴盛起来的佛教有了信徒的供奉，逐渐积累了财富。佛门中人讲究慈悲为怀，并不看重钱财，所以经常把钱财拿出来，或者施粥，或者行医施药。佛教有三福田的思想，即供养父母的恩田、供佛的敬田、施贫的悲田，当时的人就把兴盛起来的慈善机构命名为悲田院。

---

❶ 宋璟：唐朝名相。
❷ 苏颋：唐朝宰相、文学家。

　　起初，悲田院主要收养患有疾病的人；到唐朝中期，除病患之外还会收养孤儿和乞丐。随着悲田院发展壮大，影响力也逐渐扩大，受到了朝廷的重视。于是朝廷大臣上书皇帝，建议官方建造悲田院。朝廷便出资，将悲田院改名"悲田养病坊"，设置悲田使一职，由悲田使对这项慈善事业进行管理和监督，但具体事务仍旧由僧人操办。

　　到宋代，悲田院帮助的对象不再局限于病人、孤儿和乞丐，还包括鳏寡孤独、残疾及贫困得无法养活自己的人。相比唐朝，宋代悲田院在形式上更加多元化，机构更加复杂、涉及范围更广。悲田院中的人并不完全依靠政府养活，那些有劳动能力的人，需要干些杂务，以劳动来换取生活物资。

　　由于政府的介入，悲田院在唐宋时期全面发展、壮大，不仅影响当世，对于之后的几个朝代也有深远的影响，后世将唐宋时期的慈善救济单位统称悲田院，这一时期的悲田院开创了多种多样的救济形式，为后世提供了宝贵的经验。唐宋开了个好头，元明清时期的统治者也大量举办慈善事业，虽然名称或形式有所差别，但本质都是一样的。

在古代，悲田院这样的慈善事业，增强了国家的影响力，促进了佛教的发展与传播，减少了百姓与朝廷之间的摩擦，有利于社会的安定，对后世具有里程碑式的意义。

没有被贬的滕子京，哪里来的岳阳楼

湖南岳阳古城西门门头上的城楼——岳阳楼，前身是三国时期东吴将领鲁肃的阅兵楼，距今已有1800余年的历史。唐朝以前，岳阳楼主要作为军事用途使用；从唐代开始，逐渐成为游客、雅士观光游览、吟诗作赋的胜地，孟浩然就留下了"气蒸云梦泽，波撼岳阳城"这样大气磅礴的诗句。

公元1044年（宋庆历四年），滕子京被贬到岳州做了知州。他认为天下的郡县，没有山水环绕不算好，有山水环绕但没有楼观不算好，有楼观但没有观览的人写下文字记录也不算好。于是，公元1045年（宋庆历五年）滕子京着手重建岳阳楼，并在一年之后落成。

25

滕子京重修的岳阳楼通高19.42米，重檐盔顶；采用纯木结构，全用榫卯结构对接衔接，不打一颗钉；主体楼层有三层，用黄色琉璃瓦封顶。自此，岳阳楼名声更胜，范仲淹所作《岳阳楼记》也成全了滕子京的梦想，成为描写岳阳楼的千古名篇。

岳阳楼兴于唐，盛于宋，传承至今，从军事楼、城门楼，发展到观赏楼，经历了沧桑岁月，数次遭受水患兵灾，屡次损毁又屡次修葺。到现在，岳阳楼是国家重点文物保护单位，依旧矗立在古城门楼上。

滕王阁：王勃以一己之力让我名声大振

唐朝贞观年间，曾被封于山东滕州的滕王李元婴[1]，被调到江南洪州（今江西南昌）任都督。李元婴骄奢淫逸，没什么政绩，却精通歌舞、善画蝴蝶，很有才情。为了享乐，李元婴便在赣（gàn）江之滨建造了滕王阁。

滕王阁景色壮美，登上楼阁便可一览四季江景。因此，各朝各代的达官显贵、文人墨客都喜欢在这里设宴，迎送宾客。公元675年（唐上元二年），洪州都督阎伯屿在滕王阁上宴请群僚。原本，阎伯屿想让自己的女婿吴子章在宴会上显示一下才华，便在宴会上请大家为滕王阁写一篇序。当时年轻的王勃经过这里，他听到阎伯屿请大家写序之后，思索了片刻便高高兴兴地写出一篇。他没想到这一行为却得罪了阎伯屿，阎伯屿心想："哼，王勃这小子一出来，还让我的女婿吴子章怎么出风头嘛！"

不过，当阎伯屿读到"落霞与孤鹜齐飞，秋水共长天一色"这句时，不禁赞叹道："这真是个天才啊！"他的女婿看了之后，也惭愧地撤回了自己的文章。直到今天，通过《滕王阁序》我们依旧可以感受到王勃的才华和滕王阁的壮美。

---

[1] 李元婴：唐高祖李渊的第二十二子，唐太宗李世民的弟弟。

另外，滕王阁与黄鹤楼、岳阳楼，并称"江南三大名楼"，建成之后，历经宋、元、明、清的历次兴废，仍旧矗立在江西赣江边上，那里的景色仍旧壮美无边。

王羲之都不想过的题扇桥

王羲之是东晋著名的书法家，被誉为书圣。他出身贵族，官至右军将军、会稽内史，人称王右军。辞官之后，他选择在绍兴戢（jí）山之下定居。在这里，发生了一件有趣的事情。

有一天，王羲之看到一个老婆婆在桥头卖扇子，但她摆了半天的摊也没有人来买，于是愁眉苦脸起来。王羲之问老婆婆，老婆婆说："天气慢慢变凉了，扇子也卖不出去，日子不好过了。"王羲之就对她说："我帮您在扇子上题几个字，就能卖出去了。"说罢，王羲之便在老婆婆的一把扇子上题写了几个字。老婆婆看了之后，很不高兴，还嚷着让他赔。有人看

出，这扇子上的字是大书法家王羲之的墨宝，便出高价买了下来。

得到好处的老婆婆乐得合不拢嘴，也不生气了。次日，王羲之又经过这座桥，老婆婆早就等在桥头了。这一次，老婆婆带了百十把扇子，准备让王羲之都题上字，好卖个好价钱。王羲之心想："昨日我是为了帮她解决眼前的难题，才题的字。现在，她居然想用我的字来赚钱！"于是心里感觉有些不悦，但还是无奈地在老婆婆的扇子上题了几个字。

只是从那之后，王羲之每次打算从桥上经过，只要远远看到老婆婆就绕道，穿过一条小巷躲过去。于是，那条小巷就被人们称作"躲婆弄"，那座桥就被人们称作"题扇桥"了。

米芾真的在鹤林寺实现愿望了吗？

鹤林寺，位于润州（今属江苏镇江）黄鹤山山麓，建造于公元321年

（东晋元帝大兴四年），距今已有1700多年历史，是著名古寺。相传，南朝宋武帝刘裕年幼的时候，家里比较贫困，他到黄鹤山砍柴的时候，时常有黄鹤在头顶翩翩飞舞。刘裕称帝之后，就将山上的寺庙改名为"鹤林寺"。

鹤林寺几经兴废，规模逐渐缩小，但它附近的城市山清水秀、风景幽美，引得多少文人墨客常流连其间，览物生情，吟诗作画，并留下了许多佳话。其中最具有传奇色彩的，就是历史上著名的书画大师米芾（fú）的故事。

米芾，字元章，能诗文、擅书画，行书、草书得王献之笔意，笔力俊迈豪放，与蔡襄、苏轼、黄庭坚合称"宋四家"。宋徽宗时，米芾受召为书画博士，曾任礼部员外郎，人称米南宫。但他性情放达，举止颇为"颠狂"，人们就称他为米颠。米芾世居太原（今属山西），之后迁到了襄阳（今属湖北），最后定居润州。

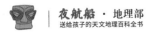

润州鹤林寺中有一座塔，名叫"马素塔"，米芾喜欢这里的松林和山石，觉得它们深幽秀丽，许愿来生一定要做寺庙里的伽（qié）蓝❶，守护这里的名胜。

公元1107年，米芾去世，鹤林寺中的伽蓝像无故倒塌，人们便觉得这是米芾实现自己的愿望了，于是人们在鹤林寺中为他塑造了一座像。

🌀 谁说只有意大利有斜塔

意大利有比萨斜塔，但你知道苏州也有斜塔吗？

虎丘这个地方，最早的时候是一片海礁，名叫海涌山。公元前496年，吴王阖闾趁越王允常离世，攻打越国，结果不敌越军，被越国大夫灵姑浮挥弋斩落脚趾，在返回途中不治身亡。阖闾的儿子夫差在海涌山挖土做墓道、积土成丘，做了三重铜棺，用黄金、珠玉雕饰，把阖闾埋葬在了海涌

❶ 伽蓝：寺院中的护法神。

山上。相传，阖闾下葬三天后，海涌山上出现白虎，人们认为那是吴王的精气所化，就把海涌山命名为虎丘山了。

公元601年（隋仁寿元年），虎丘山建了一座木塔，名叫白云寺塔，这座塔之后被毁坏了。现存的虎丘塔是公元959年（后周显德六年）建造的。后来，虎丘塔的塔顶毁于雷击，1956年重修时，在第三层夹层内发现石函、经箱、铜佛、铜镜、越窑青瓷莲花碗等大批珍贵文物。

经过1000多年，虎丘塔下局部原本就有些沉降的地基，一直没有在历次修葺中得到改善，致使塔身出现了倾斜的情况——塔顶中心偏离塔底中心2.54米，塔身倾斜度为3.59度。1981年的那一次修缮，才对虎丘塔进行了加固，控制了古塔的倾斜程度。这座塔，被国外建筑学家称为"中国的比萨斜塔"。

现在，古老的虎丘塔是京杭运河上一颗闪耀的明珠，以独特的魅力向世人展现着迷人的风采。

五羊城真的有五只羊？

传说，公元前887年，现在的广州地区出现连年灾荒，致使农业失收，民不聊生。有一天，天空忽然传来一阵悠扬的乐声，并飘来五朵祥云。祥云之上，五位仙人骑着五色羊降临人间。这五只羊的口中衔着饱满的稻穗，仙人把稻穗送给受灾的人，并祝愿此处永无灾荒。之后，仙人乘风而去，五只五色羊化作石头，留在了山坡之上。从此，广州便成了岭南最富庶的地方，并有了五羊城的称呼。

那么，五羊城到底是不是因为仙人的五色羊命名的呢？

根据史书中的记载，"五彩羊"很可能是迁移到广州等地的五个传说中的部族。这五个部族非常古老，相传他们是盘瓠（hù）①的后裔。也许

---

① 盘瓠：古代神话人物。

他们在向岭南迁移的过程中，举着画有部族图腾的夷羊旗，带着稻谷之类的农作物，来到了广州。刚好这里闹饥荒，他们贡献了自己的农作物种子，将这种谷物赠送给当地人。当地的人们因感谢他们，将他们的故事口口相传下来。几千年之后，五部族被演绎成了五仙，夷羊旗被演绎成了五色羊。

曹娥碑上猜字谜

东汉时期，浙江绍兴上虞皂湖乡曹家堡有个叫曹娥的女子，她的父亲叫作曹盱（xū），是一个巫祝，负责在举行祭祀仪式的时候，按照节奏跳祭祀的舞蹈。

公元143年（东汉汉安二年）的端午节这一天，人们按照民俗在舜江祭祀潮神。曹盱指挥迎神的船队逆江而行，但风急浪高，曹盱所在的船被风浪掀翻，曹盱落到了水中。人们打捞了许久，仍旧没有打捞到曹盱的尸体。曹娥日日跑到江边，一边啼哭，一边喊着"父亲"，寻找父亲的踪影。就这样持续了十七天，还是找不到父亲的曹娥便投入舜江之中。五天之后，曹娥抱着父亲的尸体浮出水面。这一年，曹娥只有十四岁。

人们被曹娥的孝心感动，为了纪念曹娥，便把舜江改为曹娥江，为她树碑立传。曹娥碑的碑文，最开始由蔡文姬的父亲蔡邕书写。到宋朝的时候，王安石的女婿蔡卞重新临摹，一直保存至今。

三国时期，曹操和杨修一起来曹娥庙祭拜。曹操看到碑文上有"黄绢幼妇，外孙齑（jī）臼"八个字，不解其意，问同行的杨修，杨修思考了片刻便知道了答案。他说这是一个字谜，答案是"绝妙好词。""黄绢"是有颜色的丝绸，便是一个"绝"字；"幼妇"是少女，便是一个"妙"字；"外孙"为女之子，便是一个"好"字；"齑臼"是用来捣碎姜蒜的，用当时的话说就是"受辛之器"，"受""辛"加起来就是一个"辞"字，"辞"

就是"词"。所以谜底便是"绝妙好词"。

🌀 造桥技术哪家强

在古代，泉州府城东北的洛阳江，是一条波涛汹涌的大江。但洛阳江的入海口，是沟通泉州与北方的捷径，如果在这里造一座桥，运送货物到北宋的都城汴梁，就不用翻山越岭到福州，再从江西、湖北辗转了。如果有桥，洛阳江两岸的人民就可以来往，货物可以相互运输，经济也能发展起来，文化也能交流起来。北宋时期，修桥的任务落到了时任泉州太守蔡襄的身上。

公元1053年，蔡襄主持修建洛阳桥，历经6年，"海内第一桥"——洛阳桥建成。洛阳桥是中国第一座梁式跨海石桥，又叫"万安桥"。蔡襄在大桥落成之后，撰写了《万安桥记》进行纪念。

洛阳桥采用了当时最先进的造桥技术，这些技术许多都是当时首创的，就算在今天看来，仍旧令人惊叹。比如：筏板基础技术，用一整块板作为基础，荷载上部的重量，可以很好地解决地基不均匀造成的沉降问题；生物学建筑技术，让牡蛎在桥墩上繁殖，既胶结了石头，增强桥墩的整体性，又弥合了石块之间的缝隙；浮运架桥技术，利用江潮的涨落，在涨潮的时候，用船把几十吨重的石材运到预设的位置，等到潮水落下之后再利用悬机（吊装设备）砌筑石材，大大降低了大型石材的运输难度。

洛阳桥与赵州桥、卢沟桥、广济桥并称为中国古代四大名桥，代表着当时桥梁建造的最高水平。建成之后，引得周围许多地方官专门跑来研究、学习，大大提高了当地的造桥水平。洛阳桥现存的桥梁全长834米、宽7米，900多年过去了，依旧稳稳地屹立在泉州的洛阳江上。

🐌 神秘的古蜀国

古蜀国位于成都平原一带。相传，远古帝王黄帝的儿子昌意，娶了蜀山氏的女子，他们生了帝喾（kù），还把别的子嗣封到了蜀地，那时候的古蜀还是不晓文字，也没有礼乐的原始社会。也就是说，古蜀国早期的统治者，很可能是昌意及其妻子蜀山氏的后代。

据说，古蜀直到夏商两朝才开始称王，分别经历了蚕丛、柏灌、鱼凫、开明等王朝。根据目前的考古发现，古蜀国发展到后期，已经拥有非常深厚、多元的文明了。

史书中说"蚕丛纵目"，这里的蚕丛就是古蜀国称王之后的第一代王。在三星堆遗址和金沙遗址中，发掘出许多纵目青铜面具和纵目黄金面具。他们把祖先的特征融合到器物的造型中，表达自己对祖先的崇拜。

三星堆遗址，自第二期文化地层开始，出现了与鸟有关的器物，这应该与古蜀国的第二代王柏灌有关。在古蜀国的历史上，柏灌王是一个神秘的君主。相传，在3000多年前的商朝，在今山东省寿光市东北一带有斟灌氏部落，这些人对外人宣称自己是大禹的后代，从遥远的地方迁徙而来，是夏王朝的亲属。有人认为，古蜀的第二代王柏灌或许来自这个部族。

在柏灌王朝之后，古蜀国迎来了第三代王——鱼凫。到了鱼凫时代，古蜀人逐渐由山区的狩猎时代，进入平原的捕鱼时代，并驯养了鱼凫来捕鱼，所以子孙后代就以鱼凫为图腾，称鱼凫氏。据说，现在的成都市温江区向北十里处，就是古蜀国鱼凫氏的都城。

传说中，蚕丛、柏灌、鱼凫三代古蜀王，各自活了数百岁，皆神而不死，他们的子民都跟随他们升仙而去。

公元前666年前后，蜀地开启了开明王朝，开明九世将都城迁到了成都。开明王朝治蜀300余年，国势日渐强大。公元前316年，秦惠文王遣张仪、司马错伐蜀，古蜀国灭亡。

从1929年四川广汉三星堆发现大量的玉器开始，经过半个多世纪的发

掘和研究，古蜀文明跳出史书，向我们掀开了它神秘的面纱。出土的铜人面像、青铜神树、木雕彩绘神人头像、陶器、漆器、玉器、金器、象牙，无不彰显了古蜀王朝辉煌的过去。

从出土的文物来看，古蜀文明充满了中原青铜文明时代的影子，又具有独特、迥异的地方特色，它可能把西亚的文明也融入自身的文明当中。但不管是它的历史还是文明的发展历程，都有许多谜团至今还没有解开。

它到底为什么这么神秘，又这么富有特色呢？这也许真跟那句"蜀道难，难于上青天"有关。正是蜀道艰险，与其他文明隔绝，才使古蜀发展出如此独特、如此灿烂的文明。

长知识了

1 京观： 古人杀敌，如果打了胜仗，为了炫耀武功，把敌人的尸体聚集起来，封土而筑成高冢。这种高冢就是京观，古战场所在地往往都有京观。

2 戒石铭： 五代后蜀君主孟昶，撰有《戒谕辞》，用来劝诫官吏清正廉洁。北宋的开国皇帝赵匡胤，总结了前朝兴衰得失的经验教训之后，从《戒谕辞》中挑出核心的四句，即"尔俸尔禄，民膏民脂""下民易虐，上天难欺"，颁于州县，刻到石碑之上，以此警醒世人。

3 桑梓地： 在古代，桑树、梓树是两种与人们生活密切相关的树木。桑叶可以用来养蚕织布，桑树的枝叶、果实、根皮都可以入药，枝干可以制造家具、乐器、棺材等。梓树生长快速，嫩叶可以食用，梓树皮是一味中药（叫作"梓白皮"），梓树的木材不仅可以当柴火，还是制作家具的好材料。所以在古代，但凡有人居住的地方，都喜欢种植这两种树木。渐渐地，桑树、梓树就成了故乡的代名词。

4 度索寻橦： 度索，用绳索从一边到另一边的办法。在两岸安装两块木头，用绳索连接，上边有一个木筒，就是橦。把人绑在橦上，攀着绳索到达彼岸，再有人帮着解下绳索，就是"寻橦"。

5 明长城： 明代为抵御蒙元、鞑靼、瓦剌和女真而修筑的军事防御线。明朝开国之初就营建居庸、山海诸关，至嘉靖时期已将长城连成一体。城墙宽约10米、高约12米，全长逾7000千米。沿线建有敌台、烽火台、堡城、关城、所城、卫城等，为全国重点文物保护单位。

夜航船驿站

崖州为大
宋代的宰相丁谓被贬为崖州司户之后，就经常问客人："天下的州郡，哪一个大？"客人就回答："当然是京师大了。"丁谓就说："朝廷的宰相，现在不过是崖州的司户，当然是崖州大了。"

飞来峰
浙江杭州灵隐寺前，有一座被石灰岩侵蚀之后残留的孤峰。东晋时期，古印度的僧人慧理看到这座山峰之后，说它很像天竺国的灵鹫山，不知道为什么飞到这里来了。因此，灵隐寺前的这座孤峰就被称为飞来峰了。飞来峰海拔168米，山石清奇，林木繁茂，崖壁和石窟中有328尊石刻佛像，是全国重点文物保护单位。

笔飞楼
王羲之曾在蕺（jí）山脚下的一座楼中书写《黄庭经》，写着写着，毛笔忽然从空中飞走了。因此，这座楼就被称为笔飞楼。现在还有笔飞楼旧址。

箪醪（láo）河
越王勾践出兵那天，有人举着水壶献酒，勾践跪下接受。勾践来到河流的上游，把酒倒到河流之中，让兵士到河边来喝水，表示喝了人们送的壮行酒。喝过河水的士兵，在打仗的时候都变得更加勇敢，一举消灭了吴国。这条河就被称作"箪醪河"。

03

泉　石

好的泉水往往甘甜清冽，深受人们的喜爱。唐代的茶圣——陆羽，为了泡出好茶，天天出去找好水来泡茶。他认为，光有好茶不行，还得有好水，好水才能把茶的味道发挥出来，品到好茶。陆羽尝遍各种各样的水之后，把水分为上、中、下三个等级，其中"山水上，江水中，井水下"。他还推荐了二十泉，按顺序评定了优劣。而与水相伴的，还有石头。造型、材质不同的石头和水搭配在一起，能给人不同的感觉，形成不同的景观。下面就让我们一起来看看那些著名的甘泉和奇石吧！

扬子江中的奇花——中泠泉

镇江金山寺外的扬子江自西滚滚而来，它水势曲折，分为南泠、中泠、北泠三泠。在中泠的位置有万里长江中独一无二的泉眼，叫作中泠泉。中泠泉原本位于扬子江波涛汹涌的江心，后来由于河道北移，南岸的泥沙逐渐堆积，泉眼的位置逐渐变成了陆地。现在，中泠泉泉口的地面标

高是4.8米。不只中泠泉如此，就是金山最初也不过是江心岛屿，后来才演变为陆地的。

中泠泉的泉水自池底汹涌喷出，宛如一条戏水白龙。它的水质极佳，早在唐代的时候就闻名天下了。唐代茶圣陆羽，他喜欢茶、研究茶，要泡出好茶，好水必不可少。他研究了全国各地的泉水之后，将中泠泉评为全国第七名。同样处于唐代的名士刘伯刍，把水分为七等，中泠泉因为泡茶味道极佳被评为第一等。因此，中泠泉被誉为"天下第一泉"。

中泠泉成名之后，来到镇江的游客，总喜欢在畅游金山胜景之后，来到中泠泉，饮一杯中泠泉煮的香茗。唐代宰相李德裕，在使者要去金陵时，还嘱咐他取一壶中泠泉的泉水。但使者路过扬子江的时候把这事给忘了，只好在石头城南京打了一壶水带给李德裕。李德裕喝了之后，说："这喝起来很像石头城下的水啊。"那使者一听，吓得立刻道歉请罪，只能实话实说了。

中泠泉的泉水好喝，但在河道还没改变之前很难取水。古人想要获得滔滔江水下的泉水，得用油纸盖在取水瓶的瓶口，用长竿绑着瓶探到泉底的时候，再用另一根长竿捅破油纸，水灌满之后，再把瓶提出来。也有用特制的带盖铜瓶，中午的时候把船划到江心泉眼所在的地方，用绳子吊着铜瓶放到泉眼的位置，然后快速拉开瓶盖汲入，才能得到真正的泉水。

光绪年间，镇江知府在中泠泉附近建造了石栏、亭台、水榭，还开了荷塘，种了荷花，并建造土堤，种了上万株柳树，抵挡了江流的冲击。20世纪40年代，中泠泉无人管理，年久失修，荒废倾圮。抗日战争结束后，经过多次努力，周边生态环境得到极大的改善，中泠泉成了镇江这座历史文化名城上的古代明珠，变得更加璀璨。1982年，中泠泉成为镇江市文物保护单位。

济南的灵魂——趵突泉

济南总体南高北低，南部是泰山北麓的余脉，北部是舒缓的平原。北部平原下的岩浆岩岩层紧密，地下水流受到阻挡的时候会从地下的空隙、裂缝和洞穴中涌上地面，从而形成泉眼。因此，济南有很多泉眼，并以"泉城"著称。在济南"七十二名泉"中，趵突泉是最耳熟能详的一个。

趵突泉已经有3500多年的历史，文字记载可上溯至商代。趵突泉总共有三个泉眼，周围风景优美，被誉为济南第一泉。它是古泺水的源头，古时候称作"泺"。因此，元代书法家赵孟頫在《趵突泉》一诗中说："泺水发源天下无，平地涌出白玉壶。"

趵突泉的名字，是北宋文学家曾巩起的——"趵"的意思是跳跃，"突"的意思是突出的样子，"趵突"这两个字传神地表达了泉水突然喷涌的状态。1956年，趵突泉公园开辟，附近的金线泉、卧牛泉、漱玉泉、柳絮泉等被划入公园范围，其北部现在还保留有古代建筑"泺源堂"。

关于趵突泉的故事有很多，据说乾隆下江南的时候，曾经路过济南，喝了趵突泉的水，便将其御封为"天下第一泉"，还写了"趵突泉"三个大

字才心满意足地离开。趵突泉名气大，当地人甚至喜欢以泉水涌出的高低来占卜吉凶。

但趵突泉的三个泉眼，并不是一直都在不间断地喷涌的。趵突泉曾多次出现停喷，有的停喷期时间特别长。如果不采取措施，就只能通过降雨自动补充地下水。但泉水是济南的灵魂，所以济南针对趵突泉的停歇状况，采用了科学保泉措施，如改善泉水水源生态环境，在修建地铁等工程的过程中也采取"绕行、避让、升抬"等措施。因此，趵突泉的三个泉眼到现在还能不断地喷涌，让我们不留遗憾，看到古人眼中的风景。

🌀 青松甘甜是"二泉"——惠山泉

惠山泉，位于无锡惠山山麓锡惠公园，陆羽品尝过这里的泉水之后，称它为天下第二泉，俗称"二泉"。最初，惠山泉只是惠山寺旁一眼普通的泉，之后又分别挖了两个临近的水井，加起来一共三眼泉，分别叫上池、中池、下池。

上池呈八角形，开凿最早，水质最好，除了用来烹茶，还可以用来酿造"二泉酒"。中池呈正方形，水质清淡，别有风味。上池、中池是唐代无锡县令澄敬和茶圣陆羽一起疏浚古泉开凿出来的，两个泉井均为石底，以青石围出井栏，距今已有1200多年的历史。下池的形状并不规则，是宋代挖出来的，一般用来做鱼池。

惠山泉源于惠山若冰洞，地下水透过岩层裂隙过滤之后涌出地面，由上池、中池、下池构成完整的水系。惠山寺僧人在山坡上种了很多松柏，松针落满山坡，使这里的泥土和地下水浸染了松针的芳香，连带涌出的惠山泉也多了一分醇厚、甘甜，这也是惠山泉的独特之处。

人们喜欢"二泉水"，但不能都像唐代宰相李德裕那样，命人专门沿着各个驿站每天将惠山泉水送到千里之外的长安，于是自创人造"二泉水"

的方法。他们先把普通的饮用水煮开，然后放到大缸内静置在庭院中背阴的地方，在月色皎洁的夜晚打开缸盖，接受露水的滋润。三个夜晚后，人造的"二泉水"就出炉了。据说，用这种人造"二泉水"烹茶，与用惠山泉烹茶没有什么不同。

苏轼诗中说："独携天上小团月，来试人间第二泉。"惠山泉水从唐代就很出名，来无锡汲水、品茗的人络绎不绝。也因为帝王将相、名流雅士都喜欢到这里寻古探幽，地方官员便对其精心设计，使这里的风景更加清幽雅致，俨然成为自成一格的古典园林，宛如一幅清雅的山水画卷。

民国年间，无锡道观的小道士——著名音乐家阿炳（华彦钧），常常在夜深人静的时候，到惠山泉边聆听泉水的叮咚声，于是创作出二胡名曲《二泉映月》。这首如泣如诉的名曲和"二泉"一样，清劲流畅，意境深邃，有强烈的艺术感染力。

一口泉，祭奠一个人——六一泉

六一泉，位于杭州西湖景区孤山南麓，以北宋政治家、文学家欧阳修晚年的号"六一居士"命名。欧阳修说自己家有一万卷藏书、一千卷夏商周以来的金石遗文、一张琴、一盘棋、一壶酒、一个人——六个"一"，于是以"六一"作为自己的号，称"六一居士"。欧阳修其实并没有到过杭州，为什么这里会有一口以他的号命名的泉呢？

原来，北宋时期，西湖孤山上有个广化寺，著名的诗僧惠勤就在广化寺中修行。惠勤曾孤身去河南开封，跟随六一居士欧阳修学习多年，之后才回到广化寺隐居清修，一般并不见客。公元1071年（北宋熙宁四年），苏东坡被贬为杭州通判，上任途中特意到安徽阜阳拜访了时任颍州太守的恩师欧阳修。欧阳修便向苏东坡引荐了惠勤，苏东坡与惠勤一见如故。惠勤回到广化寺之后，苏东坡也常常去拜访他，一起对弈品茗、畅谈诗文。

欧阳修去世之后，苏东坡拜访孤山上的惠勤，二人都对欧阳修有深厚的感情，于是哭祭了一场。十八年后，也就是公元1089年（北宋元祐四年），苏东坡再次来到杭州任知州，依旧拜访孤山。不过，他没有见到好友惠勤，因为惠勤已经去世了，惠勤的弟子只能将苏东坡引到挂有欧阳修、惠勤遗像的亭子中。在苏东坡到来之后，附近忽然涌出一泓清泉。惠勤的弟子对苏东坡说："您一到来，就有清泉涌出。不如为这泓清泉取个名吧？"

苏东坡站在亭子中，看着惠勤和欧阳修的画像，一时之间感慨万分，于是就把这泓清泉命名为"六一泉"，用来纪念惠勤和自己共同的恩师欧阳修。

之后，许多历史名人来到这里，题字、写诗。现在，虽然泉上的石亭、匾额及铭文等古代遗迹已经被毁，但重新疏浚后的六一泉泉池有三四平方米，池内种植莲花，几尾锦鲤悠闲地游荡其间，池上还建有半壁亭……它仍旧鲜活地展现在世人面前，以"六一泉"之名，祭奠着苏东坡惦记的故人。

🌥 虎跑梦泉——虎跑泉

虎跑泉，位于浙江杭州西南虎跑山的虎跑寺中。公元819年（唐元和十四年），性空大师在虎跑山中修行，因为这个地方没有水源，就打算搬到别的地方去。还没来得及搬，性空大师就梦见了一个神仙，神仙说他会派两只老虎把南岳衡山的童子泉移到这里。第二天，果然有泉水从岩石之间流出，于是这口泉便取名虎跑泉。

现在我们知道虎跑泉不是两只老虎移来的，而是自然形成的。虎跑泉周边是山岭，沟岩之中形成了一个马蹄形水洼地，泉眼两尺见方，清澈的泉水就从石英砂岩层渗出，且长年不断。因水质清澈、口味甘洌醇厚，虎跑泉成为天下名泉。

解决了水源问题的性空大师，最后也没再搬家，而是定居此处继续修行。虎跑寺始建于唐朝，原名"大慈宝慧寺"，后来改称"定慧寺"，它的建立可能与这里有水源密切相关。而且，虎跑泉西还有宋代高僧道济（济公）的塔院遗址。

虎跑泉、玉泉、龙井泉，并称为杭州三大名泉。而茶和水，就像一对璧人，自古就相互成就着，杭州人将龙井茶和虎跑水称为"西湖双绝"。郭沫若都说："虎跑泉犹在，客来茶甚香。"

现在，虎跑泉已被开辟为景区，虎跑泉前筑有一个方形的池子，池

子四周用石栏围了起来，泉水从池壁上的虎口注入池中，响起哗哗的流水声。从景点入口处往寺庙方向走，越靠近，水声越响。淙淙的泉水声，能让人尽享听泉之乐。

把视线从虎跑泉移开，就可以看到"虎跑梦泉"的雕塑——两只栩栩如生的老虎，作跑地作穴状，一位白须和尚安详地侧卧在山崖之中，双目微闭，手捻佛珠。这"虎跑梦泉"，现在已经成为新的西湖十景之一了。

🌀 严陵滩水——十九泉

浙江杭州的富春山下风景优美，山下的富春江边有一个钓台，叫作"严子陵钓台"。传说，东汉名士严子陵和东汉的开国皇帝刘秀是老同学。刘秀做皇帝之后，想到自己的老同学，就画了画像，吩咐全国帮他找找老同学。找到严子陵之后，刘秀三次派使者才把他接来京城。

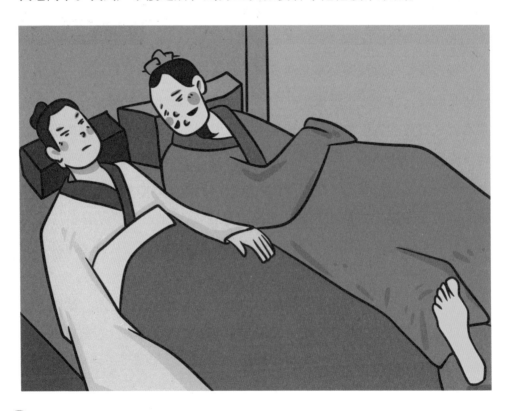

严子陵来到京城，见到刘秀之后，还当他是老同学一般。两个人在皇宫里喝酒聊天，一直喝到深夜，两人还醉醺醺地同榻而眠，严子陵甚至还在睡梦中把脚搭到了刘秀身上。刘秀很欣赏严子陵的才华，希望他能帮助自己治理国家。但严子陵志不在此，不管刘秀怎么说，都没有答应。

虽然刘秀已经成为帝王，但严子陵对待他的方式还和当年上学的时候一样，想必他也是高兴的。而严子陵的为人处世及其风骨，备受后世学者推崇。就连他隐居的浙江杭州富春山下富春江边的钓台都很出名，许多文人也喜欢到这里来走走。北宋的时候，人们在这里建造了严先生祠。南宋文天祥兵败被害之后，诗人谢翱曾在严子陵钓台摆设灵位哭祭。

茶圣陆羽来到钓台，看到附近的泉水清澈明净、水色翠绿，用它煮茶来喝，感觉清新香醇，于是，陆羽把这口泉水排在全国第十九位，因此把这口泉命名为"十九泉"。已故的沙孟海❶先生，还在严子陵钓台山麓书写了一方"天下第十九泉"的石碑。

民国年间，钓台下还有个"天下第十九泉"亭，但富春江大坝建成蓄水，此亭就被水淹没了。之后当地政府在附近重建此亭，同时还在临江处重建了"清风轩"古楼。

玉泉

北京颐和园西五六里处有玉泉山，玉泉山以泉闻名，山中洞壑迂回，泉水从石缝中流淌出来，溪水、泉水遍布山间，流水声有如佩玉叮咚，形成了著名的燕山八景之一。玉泉山的西南麓有一组最大的泉眼，泉水清澈，自山间石隙喷涌而出，水卷银花，晶莹如玉，因此称作玉泉池。

玉泉水，是古代当地民间用水的来源之一，明清两代，宫廷用水也都是从玉泉运来的。相传，乾隆皇帝喜欢来玉泉山，为了验证玉泉的水质，

---

❶ 沙孟海：中国书法家、美术教育家、篆刻家。

让人取全国名泉的水样来做对比实验。结果玉泉水水质优良、醇厚甘甜，于是乾隆赐封玉泉为天下第一泉，题字"玉泉趵突"。

公元1680年（清康熙十九年），玉泉山被改建成行宫，名叫澄心园。公元1692年（清康熙三十一年）改称静明园，是避暑的好去处。

🌥️ 羊头山上的神农井

很久以前，人类居住在山洞或巢穴里，过着茹毛饮血的生活，不仅容易生病、寿命短，还吃不饱。他们中间有一个非常聪明的人，一直在想办法改变这种状况。他尝尽百草，辨别出可以治病的草药；他寻找各种甘美的果实和种子，找出适合做粮食的作物。人们认为他就像神一样，带给人类希望，于是就称呼他为神农氏。

但神农氏只是像神，并不是神，他也是肉体凡躯，会累、会渴、会生病。他冒着生命危险，涉过无数高山大河，遇过无数艰难险阻，才逐步积累经验来分辨药草和谷物。有一天，他筋疲力尽来到一座大山里，躺在山坡上正歇息的时候，忽然看见一只羊跑来吃草。他喝一声，驱赶逐渐靠近的羊，那羊吓了一跳，跑上山巅，化为巨石。因为巨石上的羊头非常显眼，因此这座山就被称作"羊头山"了。神农氏看看那羊所吃的草，发现草上结穗，每穗九支，每支九籽，他摘下一穗，搓去皮壳，就看到沙粒般大小的颗粒，放到口中咀嚼的之后馨香无比——他又发现了一种谷物。于是在这个地方开垦种植，带领族人尝试开展农业，过安稳的生活。

为了纪念神农氏，羊头山所在的地方建有神农城，神农城下六十步处有白、清二泉——左泉白，右泉清。据说，神农氏栽种五谷时，就是用这些泉水来浇灌田地的。白、清二泉侧方有井，叫作"神农井"，井水甘甜可口，古人常常来到这里，取井中水来治疗眼疾。

大庾岭上卓锡泉

江西与广东两省交界处的大庾岭（俗称"梅岭"），群山重叠，林密

人稀，在幽静的山谷之中，有一座"衣钵亭"，还有一眼"卓锡泉"，这里流传着有关禅宗六祖惠能的传说。

相传，达摩祖师得法之后，就从海路来到中原，寻找传人，成了中原禅宗的第一代祖师。来到中原之后，达摩祖师收弟子、讲佛法，将禅宗的衣钵信物一代一代地传了下去。到第五代祖师弘忍的时候，他有一个弟子，名叫"神秀"。弘忍原本打算把衣钵传给神秀，就悉心教导他，想让他成为禅宗领袖。没想到，弘忍后来又收了一个弟子，名叫"惠能"。惠能悟性很高，禅宗想要发扬光大，不断衣钵传承，依靠惠能会比依靠神秀更好，于是弘忍在传承人的选择上产生了动摇。

神秀感觉到师父弘忍的心思之后，并不服气，常常找惠能辩论佛法，但因为自身感悟没有惠能深，每次都输得体无完肤。因为神秀和惠能对佛法的理解有明显的差别，时间一久，支持神秀的人和支持惠能的人就分作两派，他们相互对立，甚至相互争斗。弘忍法师见此，知道如果公开

传法，可能会引发暴动，于是把衣钵信物悄悄地传给了惠能，让他连夜往南，到南方去弘扬禅宗佛法。

就这样，惠能成了禅宗的第六代祖师。那些不愿意惠能做传承人或想要抢夺信物的人，就对惠能进行围追堵截。惠能日夜兼程，来到大庾岭时，遭到了神秀的支持者惠明的拦截。惠明让惠能放下信物，惠能随机应变，得以脱离险境。脱险后的惠能又渴又累，但大庾岭上没有水，于是惠能手持锡杖，点了点岭上的一块石头，泉水立刻喷涌而出。

后来，佛门弟子为纪念六祖惠能在大庾岭脱险，便在这里修建了六祖庙、衣钵亭，还把那口锡杖点出来的泉称作"卓锡泉"。只可惜，虽然惠能的故事一直流传至今，但卓锡泉因为地下煤窑的污染，现在只能用来灌养树木了。

醒酒石真的能醒酒吗？

醒酒石，古书中记载，醒酒石又叫"寒水石""方解石"，质地坚硬、性寒，略微透明，有清热降火、除烦止渴等功效，喝醉酒之后含在口中，能够醒酒，因此命名。古代一些文人喜欢赏玩奇石，有钱有地位的人家，也大多有自己的园林，奇石怪木是他们点缀园林的重点材料，因此形成了独特的赏石文化。

唐代的李德裕做宰相的时候，重用人才，还为寒门士子开了很多门路，但他也是一个喜欢享受的人。他不仅会让人从千里之外带泉水回京给他，还喜欢搜集天下的珍贵草木和怪石来装点自己的平泉庄，那些怪石中就有一块他最喜欢的醒酒石。每次喝醉酒，李德裕都喜欢躺在这块醒酒石上。他曾叮嘱子孙："如果让别人拿走我平泉庄一根树枝、一块石头，就不是我的子孙。"

到了唐朝末年，社会动乱，起义军入城，李氏门庭早已败落，起义军

把李氏园林中的花木奇石都给挖走、搬走，一个樵夫都可以进来砍走里面的名贵树木当柴火卖。李德裕的孙子李敬义谨记祖先教导，去找人家还回醒酒石。有人大骂道："黄巢起义之后，谁家的园池是完整的，就你家平泉庄有石头吗？"

不得不说，不管喜欢什么，我们都要以陶冶情操为目的，否则只会适得其反或者太劳民伤财。不管身处怎样的地位，都应该有所克制。

一片丹心——赤心石

武则天是中国古代历史上唯一的女皇帝，她在位的时候，人们争相向她进献有吉祥寓意的各种物件。

洛阳郊区的一个居民，偶然剖开一块石头，发现石头里面是红色的——这真是又漂亮又罕见。于是，他把这块石头献给了武则天，还说：

"这是一块拥有一片丹心的石头。"武则天看了之后，就很高兴。

此时，因为受到武则天信任而做了宰相的李昭德看到这人进献奇石话，于是说："这块石头有一片丹心，难道其他石头都想谋反吗？！"

听了李昭德的话，武则天似乎有所觉悟，虽然并不怪献石的人，但也没有厚赏他，以免助长了这种歪风邪气。

武昌山上望夫石

自古以来，各地关于望夫石的传说有很多，总体都在表达妻子因为对远行丈夫的思念而变成望夫石的故事。湖北鄂州的武昌山上，就有这么一块望夫石。

传说，当地有一个女子，她的丈夫从军远征，妻子带着孩子在这里为丈夫送行。因为担忧、思念远行的丈夫，她时常来这里眺望，看着远方的道路，等待丈夫归来。可是她的丈夫一直没有回来，这位妻子却因为思念变成了石头，人们便将这石头叫作"望夫石"。

唐代大诗人刘禹锡为此还写过一首诗，叫作《望夫山》。

这首诗的意思是：

整天盼望丈夫回家也盼不回来，只能化为孤独凄苦的相思石。

这样一望，匆匆就过了几千年，还像当初一样站在这里遥望。

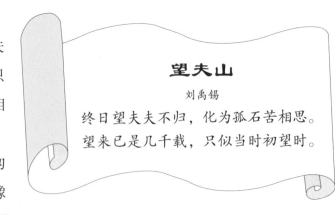

望夫山

刘禹锡

终日望夫夫不归，化为孤石苦相思。
望来已是几千载，只似当时初望时。

望夫石的传说，是古人对现实苦难生活的演绎，也展现了劳动人民的浪漫情怀。

 长知识了

1 阿井水： 位于山东省阳谷县的阿城镇，据记载，有3000多年的历史。阿井水系来自泰山、黄河和太行山脉，富含微量元素，是天然的饮用矿泉水。李时珍在《本草纲目》中说：阿井水下膈、疏痰、止吐。用它熬胶，容易去除杂质，增强疗效，能熬出正宗的东阿阿胶。

2 一指石： 浙江杭州桐庐县的缀岩谷中，有一块大石头，它长7米、宽5米，重达百吨，但人站在石下，只要一指之力就可以使这块石头上下颤动，故而得名。

3 一滴泉： 位于广信南岩。泉水从石洞中流淌而出，一年四季都不干涸。宋代朱熹在诗中说："一窍有灵通地脉，半空无雨滴天浆。"

4 瀑布泉： 位于庐州开先寺。李白在诗中说："挂流三百丈，喷壑数十里。"

5 醴泉： 位于江西新喻。黄庭坚喝了这里的泉水之后，感叹道："可惜啊！陆羽等前辈并不知道这个泉水。"于是题名"醴泉"。醴，意思是甜酒或甜美的井水。想必这里的泉水一定很甜，因此黄庭坚才会发出这样的感慨吧！

夜航船驿站

范公泉

范仲淹坐镇青州的时候，为当地老百姓做了许多好事，老百姓都非常感激他。有一天，兴龙寺西南涌出了甜美的泉水，范仲淹就在泉水上面建了一座亭子，青州人为了纪念范仲淹，将这眼泉取名为"范公泉"。范公泉四周古树茂密，人迹罕至，虽然距离市集只有几百步，但给人的感觉像在深山里。因为这里环境优美，到处都有各色珍禽，高人雅士很喜欢在这里抚琴赋诗、烹茶会友。

金鸡石

相传，建德草堂寺的北边有块石头，诗人罗隐路过这里的时候，戏谑地题了一句诗："金鸡不向五更啼。"没想到，那块石头似乎有了灵性，立刻迸裂开来，竟然蹦出一只鸡，鸣叫着飞走了。因此，人们就把这块石头叫作"金鸡石"。

04

山水风光，佳景幽园

在古代，人们闲暇之余游园观景，寻幽访胜。他们在青山间探索，在绿水间泛舟。下面，就让我们一起来看看迷住古人的山水风光、佳景幽园，一起来体验一番"读万卷书，行万里路"的感受吧！

泰山四观

泰山是我国五岳之首，位于山东省中部。泰山之上，有壮美的风景，此处还有四观，日观、秦观、吴观、周观。在秦观，人可以望见长安；在吴观，人可以看到吴越都城会稽；在周观，人可以看到齐国西北周天子的王畿之地。

在泰山观看日出，最佳的位置是泰山玉皇顶东南的日观峰。日观峰古时候叫作"介丘岩"，后来因为这里特别适合观看日出美景，因此改名为"日观峰"。在战国时，站在日观峰可以西望秦国、南望越国，甚至还可以看到长城景观。

一天之中，观看日出的最佳时间一般在早上5点左右，晴天时，人们可以感受到"才听天鸡报晓声，扶桑旭日已初明"的美丽景观。这时候，日出东方红似火，火红的太阳慢慢地升起，红霞满天，万丈霞光勾勒着连绵的群山，好似一幅气势恢宏的水墨画。然后，光亮一点一点照亮大地，青山绿水一步步走入视线当中。整个过程，震颤灵魂，开阔心胸。

燕山八景

燕山，是河北平原北侧潮白河河谷直到山海关的重要山脉，为东西走向，有300多千米长，主要由石灰岩、玄武岩、花岗岩等构成，海拔在500~1500米，主峰是雾灵山。燕山富含矿藏，有很多隘口，为南北交通要道。金章宗年间，这里有了"燕山八景"的说法，分别是蓟门飞雨、瑶岛春阴、太液秋风、卢沟晓月、居庸叠翠、玉泉垂虹、道陵夕照、西山晴雪。

　　春秋战国时期，燕国以蓟城为国都，这里草木繁盛，一棵棵树木如烟如雾，是古人郊游之胜地。明代的唐之淳在《燕山八景·其一·蓟门飞雨》诗中说："飞雨四面至，河山为之昏。"描写的就是蓟门飞雨的景观。

　　太液秋风，位于北京故宫西华门外。太液，是北海、中海、南海的总称，元朝称作西华潭，明朝称作金海。在秋高气爽的天气里，树叶凋零，湖光潋滟，太阳或月亮的影子在水中荡漾，秋风轻轻一吹，涟漪一起，水波清澈可爱，加上岛上宫苑林立，远处云雾朦胧，仿佛置身仙境。唐之淳《燕山八景·其三·太液秋风》诗中的"时秋风露寂，玉浪芙蓉翻"，说的就是太液秋风的景色。

　　卢沟晓月，说的是北京卢沟桥的月色。卢沟桥下，水色如练，每当月夜，月亮倒映在水中，皎洁明媚。人们站在卢沟桥上，可以欣赏到"一天三月"的旷世奇景——卢沟桥南北两侧各倒映一个月亮，加上天空中的月

亮，三月并存，夜晚美妙。清代乾隆帝还御书了"卢沟晓月"碑，放置在卢沟桥头。

玉泉垂虹，位于北京玉泉山上。玉泉山上的泉水以清澈甘甜出名，金章宗曾在这里建造玉泉水院作为行宫。这里山峦起伏、主峰凸起，山坡上草木葱郁，山脚下湖水盈盈、碧波荡漾。玉泉山东北有玉泉池，东侧横跨一座小石桥。玉泉水从桥下向东流入西湖的景象，就被人们称作玉泉垂虹。

道陵夕照，位于北京房山西北部的大房山，这里群山环绕、重峦叠嶂。金代定都之后，在大房山修建了金章宗完颜璟的陵寝，也就是道陵。由于这里的地势较高，每年春分、秋分前后，夕阳刚刚落下的一小段时间内，太阳光线还是会照亮这个地方，这样的景象被人们称作"道陵夕照"。

西山晴雪，位于北京香山公园。西山，是太行山脉的一条支脉。相传，有一天金章宗从西山观赏美景回来，到达皇宫中，忽然抬头，看到远处的西山银装素裹，在阳光下显得十分壮丽。金章宗龙颜大悦，说道："西山御屏江山固，积雪润泽社稷兴。"西山晴雪的美景，从此闻名天下。

关中八景

"关"的意思是要塞，是出入的要道。秦朝的都城是咸阳，汉朝的都城是长安，它们一个在渭水之南、一个在渭水之北，相隔不远，可以把它们视作一座城市在不同历史时期的称呼。函谷关是出入咸阳、长安的要道，因此人们习惯把函谷关以西的地区称为关中。在关中地区有八景，分别是辋（wǎng）川烟雨、渭城朝云、骊城晚照、灞桥风雪、杜曲春游、咸阳晚渡、蓝水飞琼、终南叠翠。

　　辋川烟雨是唐代诗人王维在陕西省辋川山谷中营建的园林景观。王维是个诗人，他官至尚书右丞，但厌倦官场又无法抽身之后，就将心思转移到其他事情上，辋川别业的建造就是其中之一。王维的辋川别业，是在宋之问辋川山庄的基础上营建的。王维擅长绘画，建造园林的过程中也善于营造气氛，将《山居秋暝》中"空山新雨后，天气晚来秋""明月松间照，清泉石上流"等江南风景的精髓移植到辋川别业之中，使辋川烟雨也如同江南烟雨一般，给人独特的精神感受。辋川别业的风采，我们现在已经看不到了，但通过流传下来的诗文绘画还是可以一窥原貌的。

　　渭城朝云是咸阳城景观。渭城，在秦朝的时候叫"咸阳"，因南临渭水而得名。公元前206年（西汉高祖元年），改称"新城"；公元前200年（汉高祖七年）废除；公元前114年（汉武帝元鼎三年）复置，改回"渭城"，作为都城。古代文人总是容易为它发出感慨，不管是它的云还是雨，都会在环境和心境的衬托下，呈现出壮丽的景观。因此，渭城朝云就成了人们念念不忘的关中八景之一。

骊城晚照也叫骊山晚照，是秦岭北侧骊城的落日景观。这里属于秦岭余脉，满山都是苍翠的松柏，远远看去，就像一匹青涩的骊马。每当夕阳西下，落日的余晖就给骊山抹上浓重的红霞，层林尽染、妖娆动人，使人流连忘返。清朝的朱集义曾这样描述骊城晚照景观："幽王遗没旧荒台，翠柏苍松绣作堆。入暮晴霞红一片，尚疑烽火自西来。"

灞桥风雪是西安市东灞水桥廊的景观。秦汉时期，灞河上架有木桥，名叫"灞桥"。灞河两岸多植柳树，古人常常在灞桥折柳送别。每年春天，两岸绿柳成荫，柳絮飘飘扬扬，好似春日里的白雪。因此，"灞桥风雪"就成了春日里一道靓丽的景观。清朝的朱集义曾这样描述灞桥风雪景观："古桥石路半倾欹，柳色青青近扫眉。浅水平沙深客恨，轻盈飞絮欲题诗。"

杜曲春游说的是杜曲这个地方的春游盛景。唐代的大姓杜氏世居于长安东南，此地就被称作杜曲，樊川、御宿川都从这里流淌而过。这里绿树环绕、水色明媚，曲江池两岸更是楼台起伏、宫殿林立，是游宴最好的去处。汉唐时期，每次进士及第之后，都会赐宴于曲江，一众新科进士便在此流觞曲水❶，庆祝一番。

咸阳晚渡指的是秦关中第一大渡——咸阳古渡风景。咸阳古渡旧址在今咸阳市东南，原本是汉唐西渭桥（便门桥）旧址，桥废后，明嘉靖年间就以舟为桥。之后，春冬设桥，夏秋以舟为桥。咸阳古渡是通陇、通蜀的渡口，人来人往，千百年来早已闻名遐迩。唐代诗人王维的《送元二使安西》就是在这里为朋友饯行时所作。

蓝水飞琼是西安蓝田县西的蓝水景观。蓝田县城西北的陀头山下，曾有数道泉水涌出，泉水水质清澈，"其泥如靛，映水皆蓝色"，所以人们将其称为"蓝泉"。蓝泉水花飞溅，蓝水南流，形成一条小河，经彩亭桥、渠河头，最终汇入兰泉河。虽然蓝泉已逐步干涸，陀头山也已经化为尘土，但仍旧可以想象蓝水飞琼的绝美景观曾多么动人心魄。

终南叠翠是终南山重峦叠翠的自然景观。终南山是秦岭的一座山峰，位于陕西西安南部，这里山峦叠翠、风景秀丽。唐代诗人祖咏在《终南望余雪》描写了钟南山的雪景和雪后增寒的感受。

人来到终南山，

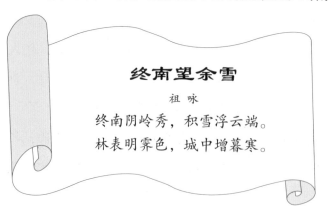

终南望余雪

祖 咏

终南阴岭秀，积雪浮云端。
林表明霁色，城中增暮寒。

---

❶ 流觞曲水：古代风俗，把酒杯放在弯弯曲曲的水中顺水漂流，酒杯停在谁的面前，谁就取杯喝酒。

仿佛就与自然融为一体了，是非常适合隐居、修行的地方，所以许多不出世的人选择在这里修行，唐代的王公贵族也很喜欢来这里烧香拜佛、寻幽访胜。一些有政治抱负的文人志士，一方面为了避免凡尘俗世打扰，另一方面希望找到机会得到统治阶级的赏识，于是也会来到终南山隐居，希望近水楼台先得月，有机会受召为官。王维就是一个典型的例子，他一生四次隐居，有三次就是在终南山。

桃源八景

桃花源是人间乐土的代名词，在人们的想象中，那里的人过着与世隔绝、平静、安乐的生活，没有世间的烦恼和纷争。现实生活中，湖南省北部、沅江下游确实有个桃源县，此处在东汉时期置为沅南县，隋废为武陵县，北宋时期置为桃源县。桃源县之名，因桃花源得名，此处有稻、棉花、

甘薯、花生、茶叶等农产，有松、杉、竹、油茶、油桐等林产，有"桃源石""桃源鸡"等特产。但最让人称道的，还是桃源八景，分别是桃川仙隐、白马云涛、绿萝晴昼、梅溪烟雨、浔阳古寺、楚山春晓、沅（yuán）江夜月、潼坊晓渡。

桃川仙隐被列为"桃源八景"之首。桃花源位于桃源县西南15千米的水溪附近，它就像一颗耀眼的明珠，镶嵌在万山丛中，也像一个婀娜多姿的少女，正笑迎宾客。桃花源前有滔滔不绝的沅江，后有绵延起伏的雪峰，境内古树参天、花草芬芳，宛若仙境。

白马云涛是沅江的浪涛景观。距桃花源后门洞不远处，顺着绿萝崖的一处地方，沅江浪涛湍急，水花溅起，有如白鬃烈马扬蹄奔腾，形成一道奇观。

绿萝晴昼是绿萝峰岩壁上的岩纹景观。绿萝峰岩壁上的岩纹仿佛一幅画卷，雨水一下下打湿岩壁，岩纹的色泽就鲜明了起来，仿佛受到阳光的照耀一般，奇美无比。

梅溪烟雨是梅溪汇入沅江处梅花纷飞、烟雨迷蒙的自然景观。梅溪所在的山坳，到处都种植着梅花。花开时节，微风一吹，花瓣随风舒卷，给山川、树木、屋宇都罩上一层朦胧的面纱，似雾非雾、似烟非烟，与汩汩流淌的梅溪构成一幅曼妙的"梅溪烟雨图"。

浔阳古寺是古代寺院。浔阳是沅水右岸的一片膏腴之地，浔阳古寺被毁之后又被重建，经历了一百余年，直到1974年被全部拆除。现在虽然不能一睹古寺盛景，但可以从两根石柱上的对联去感受它的壮美，这副对联的内容是："灯落云霄璃色焕，钟鸣烟雨偈音长。"烟雨之中，钟鸣声声，和尚发出时高时低、跌宕有致的念经声，静谧清朗。

楚山春晓说的是春日里的楚山风光，位于绿萝峰东1千米处。初春时节，此处万木争春、草木繁盛，在残月刚落、曙光初生的黎明，楚山似一

幅锦绣屏风一般，舒展在人们的眼帘之中。

沅江夜月，夜月江景。漳江发源于福建平和县博平岭山脉东麓的大峰山，在汇入沅江的地方，每逢晴朗的月夜，都可以看见江底皎洁的月影，山光、水色在月光之中交相辉映，静美无双。

潼坊晓渡，江洲景观。潼舫，位于桃源县城东北沅水之中的小洲，面积不大，四周环水，就像一叶扁舟隐匿在碧波之中。每当夕阳西下，阳光照到潼舫洲上，霞光散布，星星点点，犹如无数散落的黄金，宛如一幅唯美的江洲晚景图。

潇湘八景

潇湘，湘江的别称，也指湘江中游与潇水汇合在一起的一段。潇湘流域自古就是荒僻之地，这里是娥皇、女英哭舜投水自尽的地方，潇湘才成

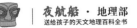
了相思、悲伤的代名词，带上了独特精神文化的印记。潇湘在湖南一带有八处胜景，人称"潇湘八景"，分别是烟寺晚钟、沧江夜雨、平沙落雁、远浦归帆、洞庭秋月、渔村夕照、山市晴岚、江天暮雪。

烟寺晚钟是清凉寺（现广济寺）景观。清凉寺是衡山县城北的一个寺院，它的南边是文峰书院、西边是巾紫峰，巾紫峰上有观湘亭，望东可以看到湘江。清凉寺于1958年被拆除，之后在巾紫峰上得到重建——雾霭缥缈的树林之间，山寺静静地矗立其间。在古代画卷中，清凉寺坐落在松木之间，微弱的光拨开雾霭，从天空斜照进寺院之中，瀑布流泉的水声从不远处传来，伴以寺中悠扬的钟声，犹如一曲流畅的乐章。

沧江夜雨是潇湘的夜雨景观。沧江，泛指江河。娥皇、女英的悲哭，将潇湘点染上了悲戚之色，夜雨纷纷的时节，便使人生出"淼淼湘江树，荒荒楚天路"的凄凉心境。因此，沧江夜雨（或潇湘夜雨）也成了这里独

特的人文景观。

平沙落雁是衡阳的沙洲上群雁起落的景观。"北雁南飞，至此歇翅停回"，让衡阳获得了"雁城"的雅称。平沙落雁，是由回雁峰浅滩，再沿湘江往南转至东洲岛、营盘山等适合大雁栖息的生态区。这里波光粼粼、苇草荡漾，群雁或穿行于林中，或在水中嬉戏，或在沙河楼宇间飞旋。如此，有洲、有岛、有山、有水、有浅滩的画卷自然天成。

远浦归帆是渔人暮归之景。古人依山傍水而居，在湘江、汨罗江汇合注入南洞庭湖的地方，有着丰富的鱼类和鸟类资源。沿江时常渔歌阵阵、归帆点点，这里时而空蒙沉寂，时而风雨狂暴。渔民们过着艰辛的打鱼生活，他们坚韧不拔的精神与周围环境融为一体，成了一幅美丽的江景画卷。

洞庭秋月是洞庭湖在秋日里的月夜景观。洞庭湖之美，美在浩瀚的波涛，美在弥漫江面的烟雾，因此，范仲淹说它"衔远山，吞长江，浩浩汤汤……气象万千"，孟浩然说它"气蒸云梦泽，波撼岳阳城"。洞庭湖的浩瀚气势，在秋夜月光的笼罩下，却变得空濛、虚幻而神秘，不似人间。

渔村夕照是渔村的晚景风光，山峦、渔村、树木、渔舟，隐没于云雾之中，在夕阳余晖的照耀下，变得朦胧而唯美。

山市晴岚是昭山山岚景观。沿着衡山一路向北有一座山，叫作昭山。它一峰独立，坐落在江边，山中紫气缭绕、云烟袭人，犹如出浴的仙子，清秀唯美。

江天暮雪是长沙名胜橘子洲雪景。橘子洲自古就是长沙名胜，它东望长沙、西顾岳麓，大雪纷飞之时，江天一色，寂寂无声，这种沉寂和清凉就是冬雪的本质，也是橘子洲的冬日胜景。

越州十景

越州，隋大业初改为吴州，管辖范围相当于今浙江浦阳江流域（义乌市除外）、曹娥江流域和余姚市地界。这里有许多自然景观和人文景观，其中最出名的是"越州十景"，分别是秦望观海、炉峰看雪、兰亭修禊、禹穴探奇、土城习舞、镜湖泛月、怪山瞻云、吼山云石、云门竹筏、汤闸秋涛。这些景观，历经千百年来的沧桑变化，大多已湮灭在了历史的洪流当中，不过我们仍然可以通过对它们的描述，重温古人的时光。

秦望观海，位于绍兴城南。秦始皇统一天下之后，想要长生不老，他东巡到绍兴城东的东海，希望在这里看到传说中的仙境。其实，古人说海上有蓬莱仙境，也许不过是海市蜃楼罢了！只不过，当时的人无法解释这种现象的形成原因，只能用虚无缥缈的仙境来解释了。

炉峰看雪，位于绍兴香炉峰。香炉峰是佛教圣地，因为峰顶的岩石长得很像香炉而得名。

兰亭修禊，指东晋永和九年（公元353年）三月初三，王羲之和一群文人雅士在兰亭曲水流觞，举行修禊❶活动。这次集会还成就了千古名篇《兰亭集序》。

---

❶ 修禊：一种古代习俗。夏历三月上巳日（魏之后固定为三月初日），人们会举行祭祀活动，会到水边嬉游，认为这样可以消除灾难。

禹穴探奇说的是绍兴大禹陵上的禹庙、禹祠、禹殿、禹穴等景点。禹陵，是埋葬大禹的地方，也称作"大禹陵"，位于浙江绍兴市会稽山门外。

土城习舞，指越王勾践被吴王夫差打败之后，勾践卧薪尝胆，一边将西施、郑旦等美女送给吴王夫差，麻痹吴国，一边加强军事训练，等待时机，最终把吴王夫差打败。其间，西施、郑旦等美女为迷惑夫差，于土城钻研练习舞蹈，是为土城习舞。

镜湖泛月，指镜湖皓月当空的景致。镜湖，也叫"鉴湖"，传说因黄帝在此处铸镜而得名。现在的鉴湖，是古鉴湖的残留部分。泛月，意思是月夜泛舟。镜湖浩瀚，两岸风光迷人，在这里泛月应该别有一番趣味吧！

怪山瞻云，位于绍兴城南的塔山上。塔山，又叫"飞来山"。相传，越王勾践曾在这里建造"怪游台"，用来观察天怪——不正常的天气情况，并以此来推算吉凶。可惜的是，这里的巨人迹、锡杖痕、宝林寺、圣母阁、望云楼，如今已成陈迹。

吼山云石，位于浙江绍兴市越城区皋埠镇境内。吼山，原名"犬亭山"，又名"狗山"。吼山上有很多石头，它们上粗下细，顶上托着椭圆形的巨石，因为这里云雾缭绕，也被人们称作"云石"。远远看去，云石犹如凌空而立，散布在地面之上，就像棋盘上的一颗颗棋子。相传，有两个仙人曾经乘着仙鹤来这里对弈，所以这些云石又被称作"棋盘石"。汉代以来，人们就在吼山凿山采石了，大自然造就了这里山奇、石怪、洞幽、水深的自然景观，使吼山云石成为绍兴石文化的杰出代表。

云门竹筏,位于绍兴城南云门山若耶溪一带,大舟可行,竹筏更能行。在过去,若耶溪与鉴湖相连,交通方便,人们乘着竹筏在水上穿梭,成为一道靓丽的风景。

汤闸秋涛,位于绍兴三江村。公元1537年(明嘉靖十六年)七月,绍兴知府汤绍恩主持修建著名的汤闸(也叫三江闸),全程花费白银5000余两,历时近九个月。汤闸起到了抵御咸潮、调蓄淡水的作用,保护了萧绍平原80多万亩的农田和人们的生活环境。

西湖十景

西湖,位于浙江省杭州市,汉代的时候叫作明圣湖,唐代的时候因为湖的位置在城西,才开始叫作西湖。西湖原本是与杭州湾相通的浅海湾,后来泥沙淤塞,与大海相通的地方被隔断,在沙嘴内侧的海水就成了一个

潟湖[1]。这里风景绮丽，自古就是风景名胜，其中的"西湖十景"更是千古留名，它们分别是两峰插云、三潭印月、断桥残雪、南屏晚钟、苏堤春晓、曲院荷风、柳浪闻莺、雷峰夕照、平湖秋月、花港观鱼。

两峰插云是西湖西北侧两座挺拔的山峰美景。这两座山峰，一座是南高峰，一座是北高峰，它们双双相对、竞秀争雄，在云山雾绕之间时隐时现，朦胧、柔美又壮观。

三潭印月是西湖湖心最有名气的景观，由三座葫芦形石塔和名叫小瀛

---

[1] 潟湖：海水冲积土地时，所挟带的泥沙堆积成沙洲，使沙洲与陆地间的海水不易与外海沟通而形成的湖泊。

洲的湖心岛组成。小瀛洲是西湖最大的岛，岛上有三潭印月碑亭等。在这里，岛上有湖，湖中有岛，风光秀美，游客可以乘船上岛参观，游览起来颇有趣味。

通往孤山的白堤上有断桥，冬雪之后，桥面被白雪覆盖，桥的两头两两相对却不相接，远远望去似断非断。在民间故事《白蛇传》中，白娘子和许仙就是在断桥相会的。这让断桥与缠绵悲怆的爱情故事紧密联系到一起，成为杭州西湖最负盛名的爱情桥。

南屏晚钟是南屏山的净慈寺风光。净慈寺，是西湖西南的佛教名刹，寺中有三座大殿，还有巨大的古钟，傍晚时分，敲响大钟，钟声悠扬，直入云霄，连杭州城都听得到。

苏堤春晓，为西湖十景之首。北宋诗人苏东坡，主持西湖的疏浚工程时，从湖中取泥筑成长堤——被称为苏堤。苏堤南起南屏路，北接曲院风荷，堤上有映波、锁澜、望山、压堤、东浦、跨虹六座玲珑的小桥，沿堤种满花木，每年春季到来便桃红柳绿、飞鸟和鸣，意境动人。

曲院荷风，位于西湖的西侧、苏堤的北端，是环湖最大的公园，包括岳湖、竹素园、风荷、曲院、湖滨密林区5个景区。风荷区分别栽有红色或白色的荷花，每当夏日风起，荷香随风飘扬，沁人心脾。

柳浪闻莺，位于西湖东南岸南山路侧，是以春花为主景的大花园，是欣赏西湖"三面云山一片水"的绝佳地点。古时因湖滨绿柳间有黄莺鸣叫而得名，如今被开发成杭州城内主要的综合性公园。

雷峰夕照，位于西湖南岸南屏山旁的夕照山上，雷峰塔始建于吴越时期，雷峰塔优雅美观，在《白蛇传》中因为关押白素贞而备受关注，这座塔虽然在1924年倒塌了，但在2002年于旧址上得到重建。在雷峰塔对面的净慈寺前，于傍晚望向雷峰塔，可见晚霞镀塔，犹如佛光普照，故而得名。

平湖秋月，是一片狭长的沿湖园林。这里三面临湖，可以欣赏西湖风光，是赏月、品茗、休闲的好去处。皓月当空的时候，景色最美。

花港观鱼，位于苏堤南端，由鱼乐园、牡丹园、牡丹亭等景观组成。鱼乐园是全园的主景，池子里养了几万尾金鳞红鲤鱼，抢食的场面尤其壮观。

长知识了

❶ 商山： 古代山名。位于现在的陕西商洛市东南，地形险阻，景色幽深。唐代开元年间，高太素隐居在这里，建了六个逍遥馆，分别叫晴夏晚云、中秋午月、冬日初出、春雪未融、暑簟（diàn）清风、夜阶急雨。汉代商山四皓隐居于此，因此这里被叫作"商洛山"或"商山"。

❷ 雁荡山： 位于浙江省东南部，以奇峰、异洞、瀑布、怪石称胜，为世界地质公园、国家级风景名胜区。雁荡山山顶有一个湖，春天的时候，大雁会飞到这里来停宿，因此命名。宋代大中祥符年间，为了建造玉清宫，人们到雁荡山山中采伐木材，这里才开始为人所知。

❸ 湟川八景： 霅（zhá）溪春涨、龙潭飞雨、楞伽晓月、静福寒林、巾峰远眺、秀岩滴翠、圭峰暮霭、岩湖叠巘（yǎn）。

❹《姑孰十咏》： 唐代大诗人李白的一组诗作，歌咏了姑孰的十个景观，这是十个景观分别是姑孰溪、丹阳湖、谢公宅、凌歊（xiāo）台、桓公井、慈姥竹、望夫山、牛渚矶、灵墟山和天门山。

夜航船驿站

逍遥别业

位于骊山鹦鹉谷，唐朝宰相韦嗣立建造。唐中宗曾驾临此处，他还写诗刻石，然后命群臣应和作诗。韦思谦与韦承庆、韦嗣立父子三人皆至宰相，传为美谈。韦嗣立被封作逍遥公，逍遥别业因此命名。